Ajustement de la courbe de lactation des vaches primipares importées

Jihed Ghiloufi

Ajustement de la courbe de lactation des vaches primipares importées

Éditions universitaires européennes

Impressum / Mentions légales
Bibliografische Information der Deutschen Nationalbibliothek: Die Deutsche Nationalbibliothek verzeichnet diese Publikation in der Deutschen Nationalbibliografie; detaillierte bibliografische Daten sind im Internet über http://dnb.d-nb.de abrufbar.

Information bibliographique publiée par la Deutsche Nationalbibliothek: La Deutsche Nationalbibliothek inscrit cette publication à la Deutsche Nationalbibliografie; des données bibliographiques détaillées sont disponibles sur internet à l'adresse http://dnb.d-nb.de.

Coverbild / Photo de couverture: www.ingimage.com

Verlag / Editeur:
Éditions universitaires européennes
ist ein Imprint der / est une marque déposée de
OmniScriptum GmbH & Co. KG
Heinrich-Böcking-Str. 6-8, 66121 Saarbrücken, Deutschland / Allemagne
Email: info@editions-ue.com

Herstellung: siehe letzte Seite /
Impression: voir la dernière page
ISBN: 978-3-8417-4600-9

Sommaire

Introduction

L'élevage, et en particulier l'élevage laitier, occupe depuis toujours une place de plus en plus importante dans l'économie nationale tunisienne. En effet, de part ses impacts, il joue un rôle social et économique de premier rang (40 % du PIB et plus de 50 millions de journées de travail par an).

L'élevage bovin constitue une source de revenus importante pour les éleveurs tunisiens mais sa rentabilité au cours de ces dernières années est de plus en plus discutée. Les causes à l'origine de ce problème sont multiples, mais les pertes associées aux faibles performances de reproduction dans des troupeaux laitiers occupent une place prépondérante (Ben Salem et al., 2007). Par conséquent l'amélioration de la productivité et de la rentabilité des troupeaux laitiers en Tunisie passe par l'augmentation de l'efficacité de la reproduction des exploitations laitières et nécessite une réduction du temps improductif et l'augmentation de la carrière des animaux (Ben Salem et al., 2006).

C'est un des secteurs de l'agriculture qui semble avoir plus profité des retombées positives de Programme d'Ajustement Structurel et Agricole (PASA) adopté en 1986 après la récession de 1980.

Avant 1992 le secteur laitier posait problèmes à plusieurs niveaux et l'objectif d'atteindre l'autosuffisance en lait, qui était initialement proposé pour 2011, a été atteint en 1999-2000. La filière laitière a réussi à réaliser l'autosuffisance en lait UHT depuis 1999 et à partir de 2000 un excédent structurel a permis une exportation du lait de boisson et le séchage du lait.

Partie Bibliographique

I. Elevage laitier en Tunisie :

1. Effectif et structure génétique:

Le taux de croissance annuel moyen de l'effectif de bovin entre (2002-2009) est négatif (-1.38%) puisque l'effectif a passé de 485 mille têtes en 2002 à 440 mille têtes en 2009.

Tableau 1 : Evolution des effectifs des bovins (2002-2009). Unité : Mille femelles

Années	2002	2003	2004	2005	2006	2007	2008	2009
Race pure	212	201	195	205	216	223	220	220
Race locale croisée	273	249	241	239	234	231	229	220
Total	485	450	436	444	450	454	449	440

Source : Rapport annuel du GIVLait, 2009

2. Situation du secteur lait :

La Tunisie est présentée comme un pays ayant atteint son autosuffisance. Cet état de fait ne laisse en rien présager de l'évolution individuelle à venir des principaux indices sectoriels, à savoir ceux du lait de consommation, des produits frais et des fromages. En effet, sauf s'ils ont atteint des paliers, les indices sectoriels demeurent directement dépendants des prix des produits à la vente, du pouvoir d'achat des consommateurs et de la gamme des produits disponibles sur le marché. Avec environ 100 litres par habitant et par an, il est légitime de penser que la Tunisie dispose encore d'un potentiel de croissance, au moins pour certains produits (API, 2003). Le secteur laitier tunisien a constitué très longtemps un cas tout à fait à part. La Tunisie était l'un des rares pays au monde à avoir basé son schéma national sur la recombinaison de poudre de lait importée.

Pour ce faire, la Tunisie avait construit de vastes usines dans les régions portuaires.

La Tunisie demeure cependant, sur le plan laitier, un pays très contrasté qui a en face de lui des défis majeurs à relever. Si elle décide de s'en donner les moyens, la Tunisie a, sans le moindre doute, la capacité intérieure à relever ces défis et à s'adapter à l'évolution des temps.

3. Production laitière : évaluation quantitative

La production laitière à connu un essor remarquable durant les derniers années suite à un ensemble de mesures d'incitation touchant tous les maillons de la filière.

Evolution de la production laitière :

Le contrôle laitier est une méthode qui permet de déterminer, d'une manière aussi précise que possible, la production laitière d'une vache au cours d'une lactation complète. Il permet de collecter les données de base pour l'évaluation génétique des reproducteurs et de donner aux éleveurs des informations techniques et économiques pour la gestion de leurs élevages.

Le contrôle laitier est donc un maillon essentiel à l'intérieur de la chaîne d'amélioration génétique (Charron, 1986).

Tableau 2 : Evaluation de la production laitière (Unité : Millions de litres)

Années	2002	2003	2004	2005	2006	2007	2008	2009
Production de lait	940	891	864	920	971	1006	1014	1030

Rapport annuel du GIVLait, 2009

Entre 2002 et 2009 la production laitière a enregistré un taux de croissance annuel moyen de 1.3%.

II.   Caractéristiques zootechniques :

La race Holstein est la race laitière la plus répandue à travers le monde. C'est une race laitière hyper spécialisée. Elle appartient à la population Pie-Noire d'origine européenne et plus précisément des Pays-Bas (INAPG, 2001).

Elle est caractérisée par sa croissance rapide, sa grande adaptabilité, mais surtout par ses très grandes capacités de production laitière. Ainsi, les vaches de race Holstein peuvent enregistrer des productions annuelles allant jusqu'à 10000 kg de lait (Weller et Ezra, 2004). La production moyenne en France se situe autour de 8470 kg.

Concernant les vaches améliorées pures, elles sont caractérisées par une production importante, surtout chez les races Holstein et Frisonne allant de 5000 à 6000 kg de lait (Diamoitou, 1998).

Elle est également dotée d'une excellente morphologie fonctionnelle, notamment des mamelles adaptées à la traite mécanique, une capacité corporelle permettant une valorisation optimale des fourrages, un bassin légèrement incliné facilitant les vêlages (Animal-services, 2000).

III.   Courbe de lactation :

1. Introduction :

La connaissance de la courbe de lactation est utile pour la sélection et le rationnement des vaches laitières ainsi que pour la bonne gestion du troupeau. En effet, la courbe de lactation peut être utilisée pour prédire la production laitière totale par lactation ou la production laitière journalière à un jour quelconque de la lactation. Elle est également utilisée pour raisonner la ration alimentaire d'une vache.

D'après A.M. Leroy et al., l'aptitude laitière des bovins est généralement caractérisée par leur production totale, par lactation, ou par celle obtenue au cours d'une période de référence de 300 ou 330 jours.

On constate que la production laitière évolue au' cours d'une lactation, suivant un cycle, qui est de même nature chez toutes les vaches laitières.

Six paramètres sont, selon A.M. Leroy et al., nécessaires pour caractériser une lactation:

*La production totale: R ;

*La durée de la lactation: D;

*La production journalière maxima: Fm;

*La date à laquelle la production commence à décroître: dm;

*Le rythme de croissance de la production dans la phase ascendante de la lactation, du vêlage à la production maxima;

*La persistance de la lactation, qui traduit le taux de décroissance dans la deuxième phase de la lactation.

2. Phases et facteurs de variation de la courbe de lactation :

2.1. Phases de variation de la courbe de lactation :

En ce qui concerne les phases de la courbe de lactation, divers études ont été faites et dans ce cadre, A.M. Leroy et al. montrent qu'il ya deux phases, une ascendante et l'autre descendante. Jamrozik et al. Jamrozik et Schaeffer, et Rekaya et al. 2000, ont devisé la durée de lactation en 10 intervalles.

La forme de la courbe de lactation varie selon la vache, la race, la conduite alimentaire du troupeau, le rang de lactation, l'âge, la saison de vêlage… Ces facteurs affectent la quantité de lait produite à travers leur action sur le pic et la persistance de la lactation (Boujenane 2010).

La phase de production croissante commence après une courte période colostrale et dure de 15 à 50 jours.

Après le pic de lactation on constate une première partie durant laquelle la croissance est assez lente et cette partie est assimilée à une fonction exponentielle d'équation

$P_M = P_0 * e^{-Kt}$ où Pm est la production du lait au mois M à partir de la décroissance, P_0 est la production du lait au début de la décroissance et K est un coefficient de la persistance

($k = P_M * 100/_{PM-1}$).

Selon Bougler 1994, la production de chaque mois est un pourcentage constant de la production du mois précédent. La deuxième partie de la décroissance, selon le même auteur, est très rapide et commence vers le $4^{ém}$ mois de la gestation où l'influence des hormones circulantes commence à inhiber la sécretion de la prolactine jusqu'au tarissement qui intervient deux mois avant le vêlage.

2.2. Facteurs de variation de la courbe de lactation :

Divers facteurs influent sur la production pendant une durée de lactation de 305 jours et par conséquent la forme de la courbe de lactation (Grossman et al., 1986. Keown et al., 1986;. Ray et al., 1992;. Tekerli et al., 2000). Sources de variation sont de la race (Shanks et al., 1981;. Grossman et al., 1986), fixe l'environnement facteurs (Ray et al., 1992), et les pratiques de gestion (Ray et al., 1992;. Tekerli et al., 2000).

3. Pic de lactation :

Le pic de lactation ou la production maximale est le point où la vache atteint la production laitière journalière la plus élevée durant la lactation. Il détermine l'allure de la lactation complète.

Les vaches adultes ont un pic de 25% plus élevé en moyenne que celui des primipares, ce qui résulte chez ces dernières en une courbe de lactation légèrement aplatie.

Les vaches élevées dans de bonnes conditions ont des pics élevés que celles entretenues dans de mauvaises conditions.

Pour les vaches qui produisent des quantités élevées du lait, on remarque que leurs pic de lactation est élevé aussi (Rekik et al., 2006).

Les vaches ayant vêlé à la fin du printemps ou en été ont des pics plus faibles que celles ayant vêlé en hiver (BTPL 2007).

Les courbes de lactation standard indiquent que plus le pic de lactation est élevé, plus la production laitière totale par lactation est grande autrement dite, pour les vaches qui produisent des quantités élevées du lait, on remarque que leurs pic de lactation est élevé aussi (Rekik et al., 2006).

Lorsque le pic de lactation augmente d'un kg, la quantité de lait par lactation de référence (305 jours) augmente de presque 200 à 230 kg. Le pic de lactation est également utilisé pour estimer la production laitière par lactation.

Aux USA, cette estimation est faite en multipliant le pic de lactation par 250 selon que la vache est en 1ère lactation.

Par conséquent, les éleveurs peuvent utiliser le pic de lactation comme outil de conduite pour bien gérer la production laitière du troupeau.

D'après (Tekerli et al., 2000) la formule de calcul de pic de lactation est la suivante : -(b + 1)ln(c) ; avec B est un paramètre associé à la montée de phase avant le pic de production, et C est un paramètre associé à la phase descendante après le pic de production.

4. Persistance de lactation :

Lorsqu'initiée tôt pendant la lactation, l'augmentation de la fréquence de traite augmenterait la production de lait non-seulement pendant la période où elle est appliquée mais aussi après le retour à une fréquence de traite normale (Bar-Peled et al., 1995).

La production laitière par lactation ne dépend pas uniquement du pic de lactation, mais aussi de la persistance. Celle-ci donne une idée sur la manière dont la production laitière se maintient durant la lactation.

Inversement au pic de lactation, on remarque que, pour les vaches qui produisent des quantités élevées du lait, la persistance de lactation est faible (Rekik et al., 2006).

La persistance est calculée, selon Boujenane (2010), comme le pourcentage de la production d'un mois sur celle du mois précédant. Elle est en moyenne de 94 – 96%. Ce qui signifie qu'après le pic de lactation, la production laitière diminue de presque 4 à 6% d'un mois à l'autre.

Pontecorvo (1940) propose un coefficient de persistance P, égal à (100 e-k). Le coefficient k comme l'indique Gaines (1927) est un indice de persistance.

La formule de calcul de la persistance, d'après (Tekerli et al., 2000), est la suivante a(b/c)^{b} e^{-b} avec :

a : paramètre de début de lactation.

b : paramètre associé à la montée de phase avant le pic de production.

c : paramètre associé à la phase descendante après le pic de production.

IV. Variation de l'évolution de la production laitière au cours de la lactation :

1. Facteurs non génétiques :

La performance d'une vache est la résultante de son potentiel génétique et des conditions du milieu dans lesquelles elle est entretenue. Parmi les facteurs non génétiques qui influencent la production laitière, il y a : le troupeau, l'âge au vêlage, le numéro de lactation, la saison de vêlage, l'année de vêlage, le nombre de traites par jour...

1.1 .Troupeau :

Plusieurs auteurs ont étudié l'effet du troupeau sur les caractères de production laitière.

Ils ont montré que c'est le facteur le plus important parmi tous les autres facteurs influençant la production laitière. Cet effet peut être expliqué par le fait qu'il englobe des facteurs comme l'alimentation, la technicité de la main-d'œuvre, le type de traite...) et qui font varier les performances des vaches d'une étable à une autre (Jordan et Fourdraine 1993 ; Boujenane et al., 2000).

Le troupeau influence aussi bien les quantités de lait, de matières grasses et de matières protéiques que le taux butyreux. Cependant, son effet est plus important sur les caractères de quantité que sur les caractères de qualité (Gacula et al., 1968).

Tableau 3 : Contribution du facteur troupeau (%) à la variation totale de la quantité de lait :

Source	Race	Pays	Contribution de l'effet troupeau (%)
Poutous et Macquot (1975	Pie-Noire	France	26 à 32%
Chauhan (1987)	Holstein	USA	30 à 35%
Khafidi et al. (1990a)	Pie-Noire	Belgique	27%

1.2. Âge au vêlage :

La quantité de lait est significativement influencée par l'âge au vêlage. Plusieurs auteurs ont montré que la quantité de lait et la quantité de matières grasses augmentent avec l'âge au vêlage jusqu'à un maximum puis diminuent, alors que le taux butyreux diminue progressivement avec l'âge (Cooper et al., 1982)

En outre, l'âge au vêlage explique 0,5 à 5% de la variation totale de la quantité de lait (Reboudi, 1997). Boujenane et al., (2000) ont rapporté, dans une étude faite au Maroc sur des vaches des races Holstein et Frisonne, une variation de 1,9% par lactation de référence pour la quantité de lait et la quantité de matières grasses et de 0,13% pour le taux butyreux. Cette variation montre que la quantité de lait atteint son maximum lorsque l'âge au vêlage est compris entre 54 et 66 mois. D'autres auteurs ont trouvé que les meilleures productions chez la Holstein sont enregistrées chez des vaches âgées de 77 à 87 mois (Cooper et al., 1982), de 66 à 77 mois (El Housni, 1984) et de 80 mois (Powell et Freeman, 1990).

1.3. Saison de vêlage :

De nombreux travaux, réalisés dans différents pays et sur différentes races, ont montré que la saison de vêlage a un effet significatif sur les quantités de lait, de matières grasses et de matières protéiques, ainsi que sur le taux butyreux (Bereskin et Freeman, 1965; Barash et al., 1996). Tandis que d'autres auteurs ont trouvé qu'elle est sans effet sur le taux butyreux (Wood, 1970 ; Boujenane et al., 2000; Catillo et al., 2002).

Par ailleurs, deux grandes saisons de vêlage ont été définies pour les vaches de race Pie-Noire : la saison favorable, où on enregistre des productions maximales, située en novembre et décembre respectivement pour les vaches primipares et multipares, et la saison défavorable située en mars pour les primipares et en juillet pour les multipares (Bourfia, 1975; Goodall, 1983). Autrement dit, les vêlages d'hiver et d'automne engendrent une quantité de lait supérieure à celle des vêlages d'été et de printemps. Les résultats étaient similaires pour les productions de matières grasses et de protéines (Barash et al., 1996 ; Tekerli et Gündogan, 2002).

En moyenne, pour obtenir une forte proportion de lait en été (de fin juin à septembre), il faut rechercher des vêlages en Mai (BTPL 2007).

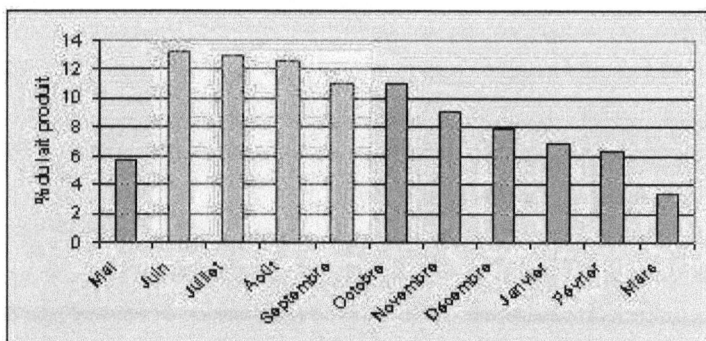

Figure 1 : Production laitière due au vêlage en Mai (BTPL 2007)

1.4. Age au premier vêlage :

L'âge au premier vêlage est un paramètre très important dans la gestion des troupeaux laitiers. La tendance dans la plupart des élevages est de faire vêler les génisses à un âge plus jeune qui permet de garantir une production laitière optimale pendant toute la carrière de la vache (Zitouni, 1999).

Généralement, l'âge au premier vêlage optimum pour la production laitière varie entre 23 et 27 mois. En principe, il se situe autour de 24 mois (Schutz et al., 1990 ; Losinger et Heinrichs, 1996 ; Nilforooshan et Edriss, 2004). En effet, la réduction de ce paramètre a un effet positif sur la quantité de lait et la quantité de matières grasses au premier vêlage. Toutefois, s'il est réduit à 21 mois, son effet devient négatif (Nilforooshan et Edriss, 2004), s'il est augmenté de 1 mois, une diminution de 102,5 kg est enregistrée pendant la première lactation (Bewley et al., 2001). En revanche, Lee (1976), Moore et al. (1991) et Pirlo et al. (2000) ont rapporté que l'augmentation de l'âge au premier vêlage entraîne une augmentation de la quantité de lait.

1.5. Numéro de lactation :

Plusieurs auteurs ont montré que la quantité de lait augmente de manière significative avec le rang de lactation jusqu'à un maximum puis diminue (Barash et al., 1996 ; Mrode et Swanson, 1996 ; Barash et al., 2001; Hailé-Mariam et al., 2001).

Ainsi, les vaches atteignent leurs productions maximales vers la 4ème ou la 5ème lactation (Ray et al., 1992 ; Benbouajil, 2006). En outre, Barash et al., (2001) ont montré que son effet est plus important sur la quantité de lait que sur la production de protéines.

12

1.6. Durée de tarissement :

Le tarissement est souvent perçu comme une période de repos physiologique avant l'effort de la lactation suivante. En outre, la vache doit être bien préparée afin de démarrer sa lactation dans de bonnes conditions et d'assurer une production maximale sans problèmes sanitaires.

Ainsi, la durée de tarissement influence d'une façon significative les caractères de la production laitière. Différentes études ont montré que la durée optimale de la période sèche qui assure la production laitière la plus élevée est de 60 à 65 jours, quelle que soit la parité (Schaeffer et Henderson, 1972 ; Funk et al. 1987; Kerst Stelwagen et al., 1994 ; Remond et al., 1997 ; Kuhn et al., 2005).

Cette durée est égale à 60 jours pour les primipares (NEOLAIT, France).

Une durée de tarissement trop longue au-delà de 60 jours, pénalise la production économique de l'animal et serait susceptible d'accroître les problèmes au vêlage (d'après SNGTV Société Nationale des Groupements Techniques Vétérinaires 1995 - F.SERIEYS 1999).

1.7. Nombre de traites par jour :

Beaucoup d'études ont évalué l'effet de la fréquence de traites sur la production laitière. Ils ont trouvé que l'augmentation du nombre de traites par jour entraîne une augmentation de la quantité de lait accompagnée d'une diminution de la matière grasse, de la matière protéique et du nombre de cellules somatiques (Barnes et al. 1990 ; Holmes et al. 1996 ; Kerst et Christopher, 1997 ; Bernadette et al., 2002 ; Hale et al., 2003 ; Dahl et al., 2004).

Ainsi, les vaches traites 3 fois par jour produisent 15% à 18% de plus de lait que celles traites 2 fois par jour (Campos et al. 1994).

De même, Amos et al. (1985) ont montré que le passage de 2 à 3 traites par jour entraîne une augmentation de 25,2% chez les vaches primipares.

1.8. Intervalle entre vêlages et intervalle vêlage-insémination fécondante :

La gestion de la reproduction repose sur la maîtrise de certains paramètres dont le plus important est l'intervalle vêlage-vêlage qui influence significativement la quantité de lait par le biais de l'intervalle vêlage-insémination fécondante (Diamoitou, 1998).

De nombreuses études ont évalué l'effet de la variation de la durée de l'intervalle vêlage-vêlage sur les caractères de la production laitière. Ainsi, ils ont montré que l'augmentation de cet intervalle est accompagnée d'une augmentation de la quantité de lait (Mohiuddin et al. 1991).

Barnard et al. (1970) ont rapporté que la diminution de l'intervalle entre vêlages de 40 jours entraîne une diminution de 7% de la quantité de lait, alors que son augmentation de 40 jours entraîne une augmentation de 4%.

Tableau4 : Quantité de lait et certains caractères de reproduction des vaches des races Holstein (Benbouajili, 2006)

Variable	Nombre	Moyenne
Quantité de lait par lactation de référence (kg)	2537	7693,2
Age au premier vêlage (mois)	1395	27,9
Intervalle vêlage - saillie fécondante (jours)	1007	110,9
Intervalle vêlage - vêlage (jours)	1118	399,5
Durée de gestation (jours)	2560	278,8
Durée de lactation (jours)	2185	340,5
Durée de tarissement (jours)	1223	91,3

2. Paramètres génétiques et phénotypiques de la production laitière (305 jours):

Les aspects génétiques de la courbes de lactation ont également été étudiés (Shanks et al., 1981; Jarmozik et Schaeffer, 1997; Rekaya et al., 2000, Jakobson et al., 2002.) pour une utilisation possible des caractéristiques de la courbe en traits de sélection. En Tunisie, les études phénotypiques sur les courbes de la lactation des vaches Holstein Frisonne a montré une grande variabilité entre les différents secteurs de production (Rekik et al., 2003; Rekik et al., 2004).

2.1. Héritabilité :

L'héritabilité est définie comme la part de la variance génétique additive dans la variance phénotypique. Autrement dit, c'est la part génétiquement transmissible d'une génération à l'autre. Elle est comprise entre 0 et 1. D'après Poutous (1975), l'héritabilité de la quantité du lait produite pendant une lactation est comprise entre 0.3 et 0.4.

L'héritabilité dépend du caractère étudié, et pour le même caractère, elle peut changer avec la race et la période (Minvielle, 1990). Elle dépend aussi du milieu dans lequel les performances sont mesurées. Le coefficient d'héritabilité conditionne la vitesse du progrès génétique. Plus ce coefficient est élevé, plus la sélection sera efficace. Par conséquent, il permet de déterminer les caractères à améliorer génétiquement. L'héritabilité est également utilisée pour estimer la valeur génétique additive d'un animal, à partir de ses productions ou de celles des animaux qui lui sont apparentés (Pirchner, 1983 ; Minvielle, 1990).

Pour les vaches Holstein tunisiennes, l'estimation de l'héritabilité de la production laitière pendant 305 jours au cours de la première lactation est égale à 0.17 (Rekik et al., 2003).

En effet, l'héritabilité des quantités de lait, de matières grasses et de matières protéiques varie de 0,20 à 0,40 (Pirchner, 1983), alors que celle des taux butyreux et protéique varie de 0,30 à 0,80 (Pirchner, 1983). Ces estimations sont comparables à celles de Campos et al., (1994) qui ont trouvé que l'héritabilité des caractères quantitatifs varie de 0,27 à 0,43 et celles de Van Tassel et al., (1997), De Roos et al., (2004) qui ont trouvé une valeur variant de 0,18 à 0,51. Misztal et al., (2000) et d'autres études récentes ont confirmé ce fait.

L'héritabilité des caractères de la production laitière est généralement plus élevée en race Holstein que dans les autres races et la plus grande héritabilité est celle du lait, cette constatation est également signalée par Jakobsen et al., (2002), cependant durant la première lactation. Par ailleurs, (Benbouajili, 2006) a trouvé une héritabilité de la quantité de lait par lactation de référence de 0,26 chez la race Holstein.

Plusieurs auteurs ont montré que l'héritabilité estimée augmente avec l'augmentation du niveau de production (Hill et al. 1983) et diminue avec le numéro de lactation (Berger et al. 1981 ; Teepker et Swalve, 1988; Dematawewa et Berger, 1998).

Hammami et al.,(2008), ont montré que l'héritabilité estimée, au cours d'un contrôle laitier journalier, est large aux extrémités de lactation alors que faible au milieu.

L'héritabilité des caractères de rendement pour les Holstein tunisien ont été plus faibles que celles rapportées dans les grandes populations de Holstein (Pool et al., 2000; Jakobsen et al., 2002; De Roos et al., 2004; Druet et al., 2005; Muir et al.. 2007).

L'héritabilité pour les 305 jours de la production laitière pendant la première lactation est de 0,17. Cette valeur a été similaire aux résultats obtenus avec le modèle de répétabilité (Ben Gara et al., 2006). Aussi ce résultat est comparable à 0,18 obtenu par Strabel et Jamrozik (2006).

Les estimations d'héritabilité ont été de 0,19, 0,26, 0,24, 0,26, 0,59, et 0,25 pour a, b, c, totale et des rendements de pointe, et la persistance, respectivement (Rekik et al., 2006) et dont les facteurs a, b, c et représentent le début de la lactation, la phase de hausse avant le pic de production, et la phase descendante après le pic de production, respectivement; pic de rendement, et persistance.

D'une façon générale, les vaches primipares sont caractérisées par une héritabilité plus élevée que celle des multipares. Toutefois, certains auteurs ont trouvé que l'héritabilité de la quantité de lait est plus faible à la 2ème lactation qu'à la 1ère et la 3ème. La même observation a été faite par Meyer (1984).

Dans une analyse d'héritabilité entre le J80 et J280 , (Hammami et al., 2008), l'héritabilité de 305 jours de production laitière est de 0,17 pour les Holsteins primipares Tunisiennes. Ainsi l'héritabilité de persistance est égale à 0,06 et cette faible valeur provoque des difficultés aux vaches de maintenir une forte production laitière après le pic. L'héritabilité de persistance entre le J60 et J280 , est inferieure à 0,3 (Jarmozik et al., 1998) pour un cheptel Holstein Canadien. D'après Hammami et al.,(2009), l'héritabilité est de 0,21 ; 0,15 ; 0,12 respectivement pour les phases de pleine production, la production moyenne et la faible production laitière.

Tableau 5 : Quelques estimations de l'héritabilité des caractères de la production laitière de référence

Auteurs	Race	Pays	QL	QMG	QMP	TB
Welper et Freeman (1992)	Holstein	-	0,30	0,29	0,27	0,45
Jamrozik et Schaeffer (1996)	Holstein	Canada	0.32	0.28	0.28	-
Hammami et al., (2008)	Holstein	Tunisie	0,17	0,13	0,15	-
Abdallah et McDaniel (2000)	Holstein	USA	0,25	0.28	-	-

2.2. Répétabilité :

La répétabilité est la part de la variation phénotypique due à la somme des effets génétiques et de l'environnement permanent. C'est aussi le degré de ressemblance attendu entre les productions successives d'un même individu.

La répétabilité exprime la régression d'une performance sur une performance antérieure observée sur le même individu. Elle est exprimée comme suit:

$$R = \frac{V(G) + V(Ep)}{V(P)}$$

Avec ;

V (G): Variance génotypique

V (Ep): Variance du milieu permanent

V (P): Variance phénotypique

Searle (1963) a déduit que la répétabilité de la production laitière est comprise entre 0.6 et 0.75 cité par Aydi R., (2003), alors qu'en Tunisie, Miladi (1989) a montré que la répétabilité est de l'ordre de 0.55.

Elle est utilisée dans la connaissance de la limite supérieure de l'héritabilité et l'estimation des performances futures d'un animal à partir de ses productions antérieures (Minvielle, 1990).

La répétabilité varie d'un caractère à l'autre et elle est comprise entre 0 et 1. Elle varie de 0,50 à 0,70 pour les taux butyreux et protéique et de 0,35 à 0,55 pour les quantités de lait, de matières grasses et de matières protéiques (Gacula et al., 1968).

2.3. Corrélations génétiques et phénotypiques :

En élevage et particulièrement en sélection, on ne s'intéresse jamais à un seul caractère, mais à plusieurs. Or, les caractères étudiés ne sont pas toujours indépendants. D'où l'intérêt du calcul des corrélations génétiques et phénotypiques qui permettent de déterminer le sens de la variation des deux caractères.

La corrélation génétique est la relation entre les valeurs génétiques additives pour deux caractères d'un même individu. La corrélation phénotypique est la corrélation observée et mesurée entre les performances pour deux caractères différents.

Ces corrélations varient de -1 à +1. Pour Rekik et al., (2006), les corrélations phénotypiques varient de -0,78 à 0,76. Ainsi, une corrélation génétique proche de zéro indique que le changement d'un caractère n'aura aucun effet sur l'autre.

En revanche, s'il y a une forte corrélation (positive ou négative) entre les deux caractères, la variation de l'un influence celle de l'autre (Minvielle, 1990).

La corrélation génétique est utilisée dans l'élaboration des stratégies d'amélioration génétique de plusieurs caractères simultanément. Elle est de (0.64 à 0.86) entre la première et la deuxième lactation.

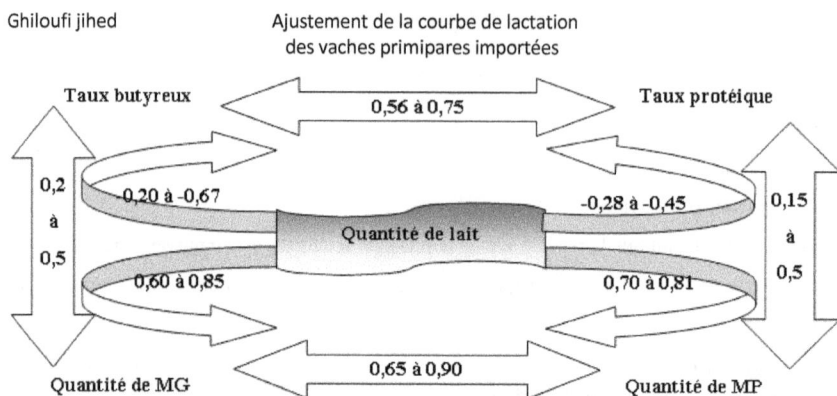

Ghiloufi jihed — Ajustement de la courbe de lactation des vaches primipares importées

Figure 2 : Corrélations génétiques entre les caractères de production laitière.

Cette figure montre que les différents caractères quantitatifs de la production laitière sont fortement et positivement corrélés entre eux. En revanche, la quantité de lait et les taux (butyreux et protéique) sont corrélés négativement. Par ailleurs, il existe une corrélation génétique faible entre le taux butyreux et le taux protéique.

D'un autre côté, la corrélation génétique entre le lait et la quantité de matières protéiques est plus élevée que celle entre le lait et la quantité de matières grasses. L'étude de Rekik et al., (2008) confirme ce dernier résultat.

Cela veut dire que la sélection sur la quantité de lait favorise plus l'amélioration de la quantité de matières protéiques que celle de matières grasses.

D'après Hammami et al., (2009), la corrélation génétique entre le niveau de pleine production et le niveau de faible production est égale à 0,7. Alors que celle entre le niveau de pleine production et le niveau moyen de production est égale à 0,78.

En Tunisie, la corrélation génétique entre les différents niveaux de production ne dépasse pas 0,80. La corrélation au moment de production pendant les 305 jours de lactation est égale à 0,38 (Hammami et al., 2008), alors que la corrélation de persistance est de 0,27. Dans la même étude, on constate que la corrélation génétique entre les 305 jours de production laitière et la persistance est faible (0,80).

V.   Ajustement de la courbe de lactation :

Plusieurs approches ont été utilisées pour élaborer la fonction mathématique qui ajuste mieux les productions quotidiennes du lait afin de limiter les fluctuations journalières observées et permettre une comparaison fiable des animaux. La fiabilité des résultats dépend de la précision de l'ajustement et de la nature des données Coulon et Perochoni 2000.

Le modèle le plus populaire qui a été largement utilisé est celui de la Fonction Gamma Incomplète qui est une fonction exponentielle décrit par Wood en 1967, et défini comme suit :

18

$Y_t = at^b * e^{-ct}$

Avec :

Yt : production laitière en fonction du temps.

A, b, c : paramètres de la courbe de lactation.

Dans cette expression, le terme t^b permet d'intégrer la phase ascendante de la courbe, alors que le terme exponentiel rend compte de la phase décroissante.

Pour estimer les paramètres a, b, et c, Rekik et al., (2003) ont procédé à une régression non linéaire de la Fonction Gamma Incomplète, ainsi, on peut déterminer la production laitière maximale au pic et la durée de la phase ascendante. D'autres auteurs ont procédé à une transformation logarithmique : Log(Yt) = Log(a) + b Log(t) – ct

On trouve aussi la méthode de Fleishmann ou « Test Interval Method » qui est très reconnue et très utilisée pour le calcul de la production laitière. D'après Sergent et al.,(1968), cette méthode a été développée en 1980 et elle est considérée parmi les méthodes les plus précises pour le contrôle mensuel. L'intervalle entre deux contrôles laitiers est la période située immédiatement après un contrôle jusqu'au contrôle suivant. Il est composé de deux parties égales, VanRaden (1997).

La production laitière est considérée constante et la même que celle enregistrée au début de l'intervalle durant la première partie. De même, elle aura la même valeur enregistrée à la fin de l'intervalle durant sa deuxième partie.

Conclusion de la partie bibliographique

Au terme de cette étude bibliographique, il apparaît que les caractères de la production laitière sont significativement influencés par les facteurs d'environnement, notamment l'effet du troupeau, saison de vêlage, âge au premier vêlage, numéro de lactation…. Par conséquent, il est nécessaire de les prendre en considération au moment de l'évaluation génétique des animaux.

Il apparaît aussi que la race Holstein a des nombreuses qualités (performances de reproduction et de production) qui encouragent les éleveurs à supporter cette race comme étant leader en production du lait.

Partie expérimentale

I.   Matériels et méthodes

1. Données :

Les données de contrôles effectués par les techniciens de l'OEP nous ont été fournies par la direction de l'SMVDA Chargui.

Au total on compte 673 observations de contrôle.

Pour chaque lactation, on dispose des informations suivantes :

*le numéro de la vache.

*la date de la naissance de la vache.

*la date de vêlage.

*les données de contrôle (date et production).

2. Edition des données :

Suite à la visualisation des données, on remarque que les 13 contrôles ne sont pas effectués pour toute les vaches car ces dernières ne sont pas importées tous au même temps.

Autrement dit, la date d'un contrôle laitier correspond à la date de vêlage d'une vache. Aussi, on trouve des vaches qui ont subit un ou deux contrôles seulement, et d'autres passent au tarissement.

On remarque aussi que les ouvriers au sein de l'SMVDA contrôlent à leur tour la production laitière de leurs vaches. A cet effet :

- le niveau de production pour chaque contrôle doit se situer dans les intervalles définis et considérés comme niveau de production logique.

- les lactations dont les intervalles entres les contrôles successifs sont inacceptables logiquement (très élevées ou très faibles).

- l'intervalle moyen entre deux contrôles étant égale à 42 jours, donc on élimine les contrôles faits par les ouvriers du ferme ca dans ce cas les intervalles de contrôle diminuent.

- on tient compte seulement la valeur de production laitière marquée par les techniciens de l'OEP vue son exactitude.

Après édition, 673 lactations produites par 87 aches primipares d'un troupeau Holstein pendant la compagne agricole 2009-2010 ont été retenues.

3. Méthodes :

3.1. Etude de la courbe de lactation :

Dans ce travail, on a utilisé la fonction Gamma Incomplète pour l'ajustement de la courbe de lactation durant tous les contrôles de lactations complètes et incomplètes.

Les courbes ajustées de lactation sont spécifiques pour l'ensemble des vaches et pour quatre intervalles de lactation qui sont les suivants :

Intervalle de temps < 150 jours.

 Intervalle de temps < 200 jours.

Intervalle de temps <250 jours.

Intervalle de temps < 300 jours.

Cette fonction a été pour la première fois par Wood (1969) et s'ajuste bien à la courbe de lactation vue sa simplicité. La production laitière journalière est décrite par le modèle suivant : Yt=a tb *e-ct .

Où : Yt est la production laitière au jour t.

        a, b et c sont les paramètres de la courbe de lactation.

Avec :

a : le début de lactation.

b : la phase ascendante.

c : la phase descendante.

En ce qui concerne le jugement de la prédiction du lait :

*on a cherché la quantité résiduelle du lait qui est la différence entre la quantité du lait enregistrée (réelle) et la quantité prédite.

*certaines valeurs de quantités résiduelles sont négatifs, donc on doit trouver les valeurs absolues des résiduelles.

*par la suite, on obtient le coefficient de détermination R^2 par l'application de la formule suivante :

$$R^2 = 1 - (SCe / SCt)$$

Avec :

SCe : somme carré de l'erreur.

SCt : somme carré total.

Le coefficient de détermination sera demandé, en premier lieu, pour tout le troupeau et en second lieu pour chaque intervalle de lactation.

3.2. Représentation graphique des courbes de lactation :

On commence par la courbe de lactation des quantités du lait enregistrées à chaque contrôle laitier.

Et on utilise la fonction Gama Incomplète pour obtenir des courbes de lactation moyenne ajustées qui ont été représentées graphiquement. L'analyse de ces graphiques permet d'apprécier la qualité d'ajustement de la fonction Gamma incomplète à chaque courbe de lactation pour l'ensemble de troupeau, pour chaque vache et pour chaque intervalle de lactation.

L'analyse des courbes de lactation moyenne pour chaque intervalle se fait pour visualiser la variation des paramètres de chaque courbe et les comparer avec les paramètres de la courbe de lactation de tout le troupeau et avec la courbe de lactation de l'intervalle de temps qui précède s'il existe.

II.   Résultats et discussion

1. Description des données :

1.1. Les intervalles moyens entre vêlage et date de contrôle laitier :

Le troupeau de l'SMVDA Chargui est composé d'un ensemble de vaches primipares importées à des dates différentes. Les dates de vêlage sont éloignées les unes des autres, donc certaines vaches n'ont pas subis tous les contrôles laitiers, ce qui implique un déphasage important entre leurs dates de vêlage et les contrôles laitiers. Pour cela, on a cherché de compter le nombre des vaches présents pendant chaque contrôle laitier et connaître les intervalles moyens entre les dates de vêlage et les dates du contrôle laitier comme nous montre le tableau :

Tableau 6 : intervalles moyens entre vêlage et dates du contrôle laitier :

Intervalles	Nombre des vaches	Durée moyenne (jour)		Durée minimale (jour)	Rée maximale (jour)
Ivcl1	13	40,30	(25,26)	12	96
Ivcl2	16	75,31	(33,21)	18	139
Ivcl3	17	112,47	(37,85)	35	181
Ivcl4	17	154,47	(37,85)	77	223
Ivcl5	25	135,12	(96,41)	0	265
Ivcl6	50	102,20	(101,85)	5	307
Ivcl7	86	96,93	(95,74)	11	349
Ivcl8	86	137,93	(95,74)	52	390
Ivcl9	86	180,93	(95,74)	95	433
Ivcl10	86	222,93	(95,74)	137	475
Ivcl11	86	264,93	(95,74)	179	517
Ivcl12	70	336,52	(82,98)	264	572
Ivcl13	58	376,29	(95,97)	41	613

(.) Ecart type.

1.2. Les productions laitières moyennes :

D'après ce tableau, on remarque qu'à partir le 7éme contrôle jusqu'au le 11éme, 99% des vaches sont en lactation. A ce moment, la quantité du lait augmente en atteignant le maximum de production laitière (25,78kg) au contrôle n°8. Ce qui traduit une hétérogénéité physiologique de lactation pour toutes les vaches. Lorsque certaines sont en pleine lactation, les autres sont en phase décroissante.

L'évolution des quantités de lait par contrôle est consignée dans le tableau 7 :

Quantité du lait	Nombre des vaches	Quantité moyenne (kg)	Quantité minimale (kg)	Quantité maximale (kg)
Q1	13	20,36 (4,36)	10,0	26
Q2	16	20,42 (3,15)	11,2	24
Q3	17	22,07 (4,91)	14,0	30
Q4	17	21,17 (4,68)	14,0	30
Q5	10	24,24 (7,14)	10,8	31,2
Q6	50	23,33 (5,20)	14,0	35,6
Q7	86	24,74 (6,48)	08,0	40,8
Q8	85	25,78 (5,10)	11,2	34
Q9	86	23,40 (5,55)	06,0	36
Q10	85	20,35 (5,45)	09,2	33,6
Q11	85	17,80 (5,86)	06,0	28
Q12	67	16,40 (5,21)	05,0	27,2
Q13	56	14,14 (4,72)	06,0	29,2

Tableau 7 : quantités moyennes du lait le jour de contrôle

(.) Ecart type.

Notons que la production laitière maximale (25,78 kg) ne signifie pas le pic de tout le troupeau car on n'a pas tenir compte les contrôles qui précédent le contrôle laitier n°7 et la troisième figure va nous montre l'allure de la courbe des quantités du lait enregistrées à chaque contrôle laitier.

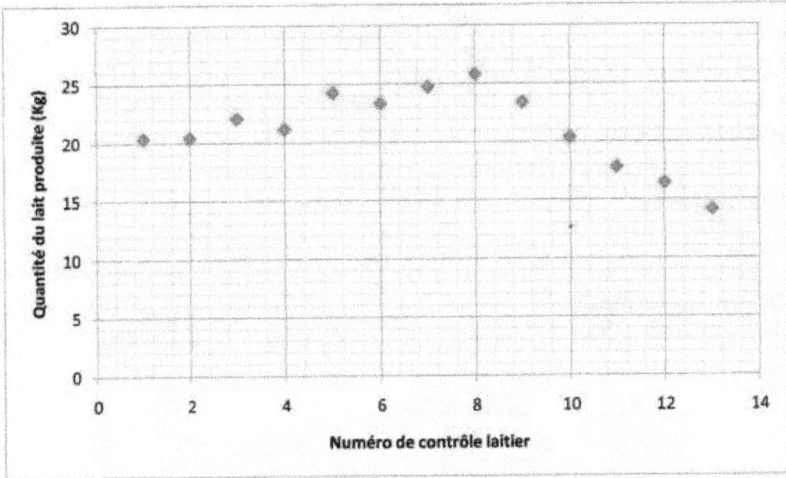

Figure 3 : courbe des quantités du lait enregistrées

Dans le tableau 8, figure la durée moyenne de lactation de toutes les vaches.

50.57%de vaches ont une durée de lactation qui dépasse les 305 jours

Tableau 8 : Analyse du variable temps :

Total d'observations	Temps moyen (jour)	Temps minimale (jour)	Temps maximale (jour)
673	198,94 (130,43)	2	613

(.) écart type

2. Etude des courbes de lactation :

2.1. Courbe moyenne de lactation pour tout le troupeau :

La courbe moyenne de lactation pour tout le troupeau est décrite par le modèle suivant, c'est-à dire en utilisant tous les contrôles laitiers pour ajuster une seule courbe de lactation pour le troupeau, on a obtenu l'équation suivante :

$$Y_t = 17.6219595\ t^{0.1289038} * e^{-0.0024568\ t}$$

Où :

a= 17,6219595   b=0,1289038   c=0,0024568

La production en début lactation est de 17,6 kg

La figure 4 nous montre l'allure de courbe.

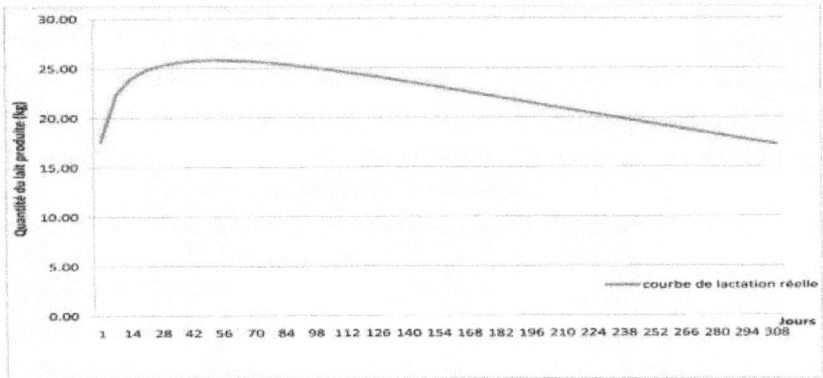

Figure 4 : Allure de la courbe de lactation moyenne de tout le troupeau.

La quantité du lait moyenne produite par le troupeau le jour de contrôle est de 21,09 kg. Cette valeur est importante vue le numéro de lactation des vaches, car elles sont des primipares et atteignent leurs productions maximales vers 4éme ou la 5éme lactation (Ray et al,1992 ; Benbouajil,2006).

Durant la phase ascendante, la production laitière augmente de 0.58kg chaque semaine pour atteindre au 7[éme] semaine 25,8kg .C'est le pic de lactation et cette valeur sera maintenue durant toute une semaine .Cette valeur de pic de lactation ainsi que sa date sont inférieures aux valeurs trouvées par (Rekik et al.,2003) pour les primipares d'SMVDA.

Après le pic de lactation, la production laitière chute de 0.14 chaque semaine pour atteindre 17,31 kg du lait au 308[éme] jour.

Le paramètre « c » qui décrit la phase de décroissance de la courbe de lactation peut être interprété aisément par : plus « c » est faible, la persistance serait meilleure.

A partir de la courbe précédente, on peut déterminer les pourcentages de persistance :

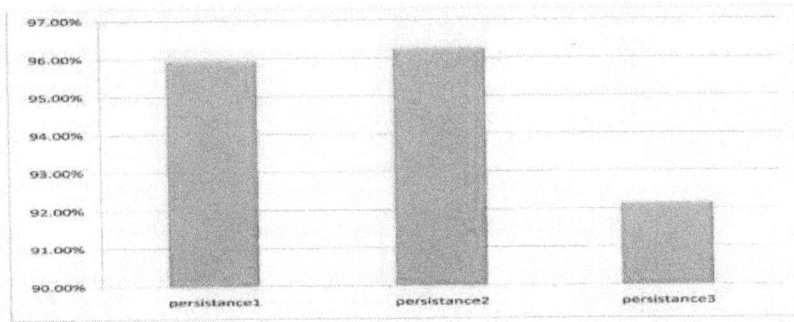

Persistance (i) : persistance entre deux contrôles successifs.

Le pourcentage moyen de la persistance entre deux contrôles successifs est de l'ordre de 94,76% ≈ 95%.

On peut dire, que la production laitière diminue de, presque, 5% d'un contrôle à l'autre et ce résultat est en accord avec celui avancé par Boujenane en 2010.

La persistance individuelle calculée est égale à 7,23.Cette valeur est proche à celle calculée, pour les primipares d' SMVDA, par (Rekik et al.,en 2003) et qui est égale à 7,17.

Le coefficient de détermination de la courbe de lactation moyenne de tout le troupeau

R^2 = 0,95

La persistance calculée peut nous donne à la fois ; une idée sur la manière dont la production laitière se maintient durant la lactation ainsi que sur la valeur de pic de lactation.

Lorsque la persistance est forte, la production laitière sera maintenue le plus long possible avec une valeur moyennement proche à celle obtenue juste après le pic.

2.2. Courbe moyenne de lactation de l'intervalle de jours en lactation :

2.2.1. Courbe moyenne de lactation de l'intervalle de jours en lactation < 150 jours :
La courbe de lactation pour tout le troupeau est décrite par le modèle suivant :

$Y_t = 14,1192698 \, t^{0,2732516} * e^{-0,0046049t}$

Où :

A= 14,1192698   b= 0,2732516   c = 0,0046049

Les vaches présentes pendant cette durée de lactation commencent leurs lactations par une quantité moyenne du lait proche à 14 kg.

La figure 6 nous montre l'allure de la courbe de lactation.

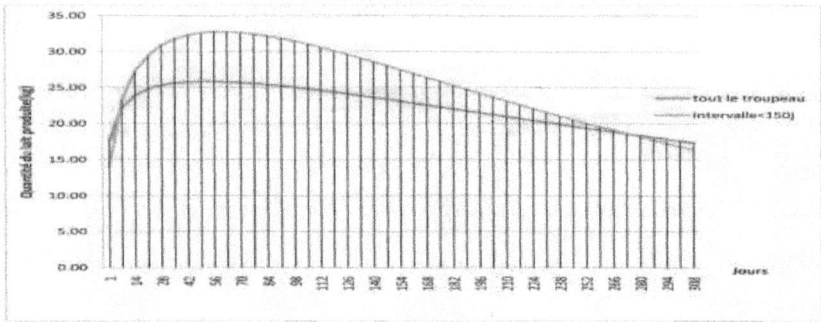

Figure 6 : courbe de lactation moyenne de l'intervalle de jours en lactation < 150jours.

La quantité du lait moyenne produite par les vaches pendant cet intervalle de temps est de 25,65 kg. Cette quantité dépasse celle de tout le troupeau par 4,56 kg. Donc on peut dire que les vaches présentes pendant cet intervalle de temps sont des hautes productrices.

Le pic de lactation, comme pour tout le troupeau, dure toute une semaine avec une valeur de 32,77 kg qui est moyennement forte pour les primipares. Cette fois, le pic est atteint une semaine plus tard que celui de tout le troupeau, c'est-à-dire au $56^{ém}$ jours.

La quantité du lait produite par semaine durant la phase ascendante, augmente de 1,16 kg chaque semaine. Cette augmentation est le double de celle de la phase ascendante pour tout le troupeau. En fait, les corrélations entre les paramètres de cette courbe de lactation ont été de :

	a1	b1	c1
a1		-0,89286	-0,50008
b1			0,76721
c1			

$P<0,0001$: les valeurs de corrélation sont significatives.

Comme dans toutes les courbes de lactation, après le pic, arrive la phase descendante où la production laitière commence à décroitre. Dans ce cas, la quantité du lait produite diminue 0,24 kg par semaine. Donc on peut dire que la valeur de pic influx négativement sur la diminution de quantité du lait produite qui se reposer, au jour 308, à une production de 16,36 kg du lait.

2.2.2 Courbe moyenne de lactation de l'intervalle de jours en lactation<200 jours :
Le modèle de cette courbe de lactation est le suivant ;

$$Y_t = 14,6887553\ t^{0,2591488} * e^{-0,0042158t}$$

Où :

a= 14,6887553   b= 0,2591488   c =0,0042158

La production laitière initiale des vaches durant cet intervalle de lactation est de 14,68 kg.

L'allure de la courbe de lactation pour ce modèle est la suivante :

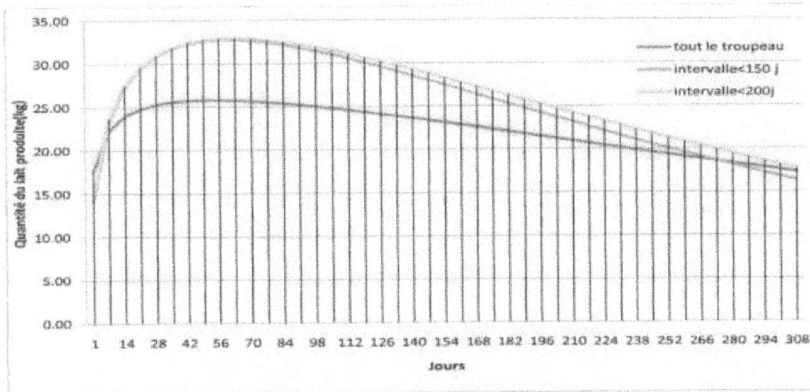

Figure 7 : courbe de lactation moyenne de l'intervalle de jours en lactation <200 jours.

Pendant cet intervalle de temps, la quantité du lait moyenne produite par les vaches est de 26,4 kg. Cette quantité est supérieure à celle de tout le troupeau mais inférieure à celle de l'intervalle de lactation <1502 jours. Donc on peut dire que les vaches présentes pendant cet intervalle de temps ont des bonnes performances laitières.

Le pic de lactation à une valeur de 32,96 kg qui est moyennement forte pour les primipares et ce pic a duré moins que le pic de tout le troupeau. Cette fois, le pic est atteint deux semaines plus tard que celui de tout le troupeau, c'est-à-dire au $63^{\text{èm}}$ jours et une semaine plus tard que celui de l'intervalle de lactation<150 jours.

La quantité du lait produite par une semaine durant la phase ascendante, augmente de 1,01 kg chaque semaine. Cette augmentation est importante par rapport à celle de la phase ascendante pour tout le troupeau mais elle est inférieure à l'augmentation calculée pour la phase ascendante de la courbe de lactation moyenne pour l'intervalle de lactation < 150 jours.

Après le pic, arrive la phase descendante où la production laitière commence à décroitre. Dans ce cas, la quantité du lait produite diminue 0,21 kg par semaine. Cette diminution est proche à celle trouvée pour la lactation < 150 jours, mais supérieure à celle pour tout le troupeau pendant la phase descendante. Donc on peut citer que la valeur de pic influx négativement sur la diminution de quantité du lait produite qui se reposer, au jour 308, à une production de 17,7 kg du lait.

On remarque, dans ce cas, que malgré la chute importante de la production laitière, la valeur de production au jour 308, pour l'intervalle de lactation <200 jours, reste supérieure à celle chez tout le troupeau. Cela est expliqué par la valeur de production importante atteinte par les vaches lors de pic de production ainsi au date de pic.

Les corrélations entre les paramètres de la courbe de lactation pour la durée < 200 jours ont été de :

	a2	b2	c2
a2		-0 ,91887	-0,49457
b2			0,70292
c2			

P< 0,0001 donc les valeurs de corrélation sont significatives.

2.2.3 Courbe moyenne de lactation de l'intervalle de jours en lactation <250 jours :

Le modèle qui correspond à cette courbe de lactation est le suivant :

$$Y_t = 14,6077629\ t^{0,2599367} * e^{-0,0042600t}$$

Où :

a= 14,6077629   b = 0,2599367   c = 0,0042600

La production laitière initiale = 14,6 kg.

La figure suivante représente l'allure de la courbe.

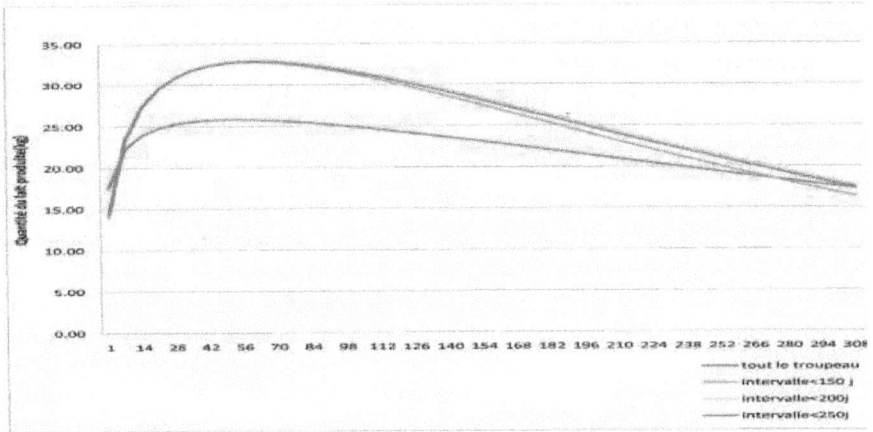

Figure 8 : courbe de lactation moyenne de l'intervalle de jours en lactation<250 jours.

Pendant une durée de lactation <250 jours, la quantité du lait moyenne produite par les vaches est de 26,19 kg. Cette quantité, comme pour les intervalles précédents, est supérieure à celle de tout le troupeau. Donc on peut dire que les vaches présentes durant cette période ont des bonnes performances laitières.

Le pic de lactation a une valeur de 32,79 kg qui est moyennement forte pour les primipares et ce pic a duré moins une semaine, ce qui est inférieur au durée de pic de tout le troupeau ainsi qu'aux deux intervalles de lactation <150 jours et <200 jours. Cette fois, le pic est atteint deux semaines plus tard que celui de tout le troupeau, c'est-à-dire au 63ém jours. Cette date vde pic est compatible à celle de la lactation < 200 jours.

La quantité du lait produite par semaine durant la phase ascendante, augmente de 1,01 kg chaque semaine. Cette augmentation est importante par rapport à celle de la phase ascendante pour tout le troupeau, inférieure à la valeur d'augmentation pour la lactation <150 jours, et comparable à celle trouvée durant l'intervalle de lactation précédente, c'est-à-dire l'intervalle de temps de lactation <200 jours.

Après le pic, on trouve une phase descendante où la production laitière commence à décroitre.

Dans ce ca, la quantité du lait produite diminue de 0,21 kg par semaine. Cette diminution est supérieure à celle pour tout le troupeau pendant la phase descendante, légèrement inférieure à celle calculée durant l'intervalle de lactation <150 jours et égale à la diminution calculée relative à l'intervalle de temps <200 jours. Donc on peut dire que la valeur de pic influx négativement sur la diminution de quantité du lait produite qui se reposer, au jour 308, à une production de 17,44 kg du lait malgré que le pic n'est pas maintenu une longue durée.

Remarquons dans notre cas que malgré la chute importante de la production, la valeur de production au jour 308 reste supérieure à celle obtenue chez tout le troupeau. On peut expliquer ce résultat par la valeur de production importante atteinte par les vaches lors de pic de production ainsi qu'à la date de pic.

Les corrélations entres les paramètres de courbe de lactation de l'intervalle de temps < 150 jours ont été de :

	a3	b3	c3
a3		-0,90723	-0,56891
b3			0,78197
c3			

Les valeurs de corrélation entres les paramètres de courbe sont significatives car p<0,0001.

2.2.4 Courbe moyenne de lactation de l'intervalle de jours en lactation<300 jours :

Le modèle spécifique de cette courbe durant la période <300 jours, lorsqu'on utilise les contrôles laitiers, est le suivants :

$$Y_t = 15,5894362 \ t^{\,0,2343936} * e^{\,-0,0038645t}$$

Où :

a =15,5894362   b = 0,2343936   c =0,0038645

La lactation commence par une production laitière initiale égale à 15,58 kg.

L'allure de la courbe sera représentée dans la figure suivante :

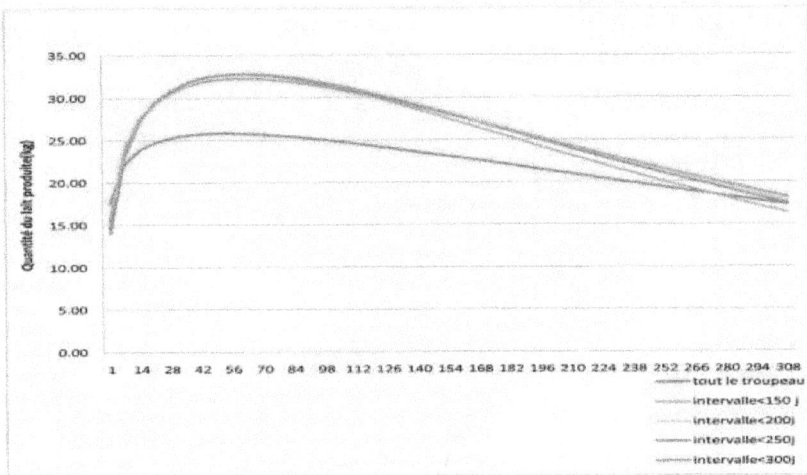

Figure 9 : courbe de lactation moyenne de l'intervalle de jours en lactation < 300 jours.

Pendant cet intervalle de temps, la quantité du lait moyenne produite par les vaches est de 26,25 kg. Cette quantité est supérieure à celle de tout le troupeau. Donc on peut dire que les vaches présentes pendant cet intervalle de temps ont des bonnes performances laitières.

Le pic de lactation a une valeur de 32,27 kg qui est moyennement forte pour les primipares et ce pic a duré moins que le pic de tout le troupeau. Cette fois le pic est atteint deux semaines plus tard que celui de tout le troupeau ainsi que pour la durée de lactation <200 jours et <250 jours.

La quantité du lait produite par semaine durant la phase ascendante, augmente de 1,04 kg chaque semaine. Cette augmentation est importante par rapport à celle de la phase ascendante pour tout le troupeau mais elle est faible si l'on compare avec les valeurs trouvées pour les intervalles de lactation précédents car pour ces derniers, l'augmentation de la quantité du lait pendant la phase ascendante varie entre 0,21 et 0,24 kg.

Après le pic, la production laitière commence à décroitre durant la phase descendante. Dans ce cas la quantité du lait produite diminue de 0,2 kg par semaine. Cette diminution est supérieure à celle pour tout le troupeau pendant la phase descendante. La diminution de quantité du lait produite qui se reposer, au jour 308, à une production de 18,16 kg du lait qui est supérieure à celle de tout le troupeau.

Là on remarque que malgré la chute importante de la production, la valeur de production au jour 308 reste supérieure à celle chez tout le troupeau. On peut expliquer ce résultat par la valeur de production importante atteinte par les vaches lors de pic de la production ainsi la date même de pic.

Les valeurs de corrélation entre les paramètres de courbe de lactation pour l'intervalle <300 jours sont les suivantes :

	a4	b4	c4
a4		-0,91528	-0,63107
b4			0,81580
c4			

P<0,0001 donc on peut dire que les valeurs de corrélation sont significatives.

Tableau 10 : Fonction Gamma Incomplète et le nombre d'observation pour chaque intervalle :

Intervalle	Fonction Gamma Incomplète	Nombre d'observation
Jours de lactation<150	$Y_t = 14,1192698\ t^{0,2732516} * e^{-0,0046049t}$	280
Jours de lactation<200	$Y_t = 14,6887553\ t^{0,2591488} * e^{-0,0042158t}$	376
Jours de lactation<250	$Y_t = 14,6077629\ t^{0,2599367} * e^{-0,0042600t}$	450
Jours de lactation<300	$Y_t = 15,5894362\ t^{0,2343936} * e^{-0,0038645t}$	509

Le tableau 10 récapitule les modèles de tous les intervalles ainsi que le nombre d'observation pendant chaque durée de lactation.

Bien que les paramètres paraissent comparables, surtout pour les deux intervalles de lactation <200 et <250, des différences importantes ont été détectées au niveau des allures des courbes de lactation. Donc on ne peut pas juger ni l'allure de la courbe de lactation ni les performances de vaches pendant une lactation < 200 jours.

2.3 Courbe moyenne de lactation moyenne individuelle :

Le modèle qui correspond à cette courbe de lactation est le suivant :

$$Y_t = 15,0053133\ t^{0,2256879} * e^{-0.0034750t}$$

Où :

a = 15,0053133   b= 0,2256879   c = 0.0034750

Les valeurs des paramètres sont les moyennes des valeurs trouvées par vache.

La production laitière initiale est au voisinage de 15 kg.

L'allure de la courbe de lactation individuelle est la suivante :

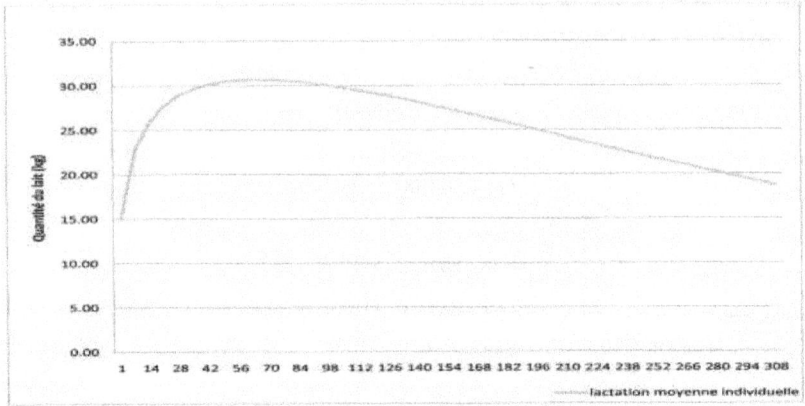

Figure 10 : courbe de lactation individuelle.

La production laitière augmente progressivement pour atteindre le pic de lactation au 63ém jour et qui dure moins d'une semaine. Il est égal à 30,71 kg.

Après le pic, la quantité du lait produite commence à affaiblir peut à peut jusqu'à devenir égale à 18,75 kg au jour n° 308.

Les courbes moyennes de lactation cachent les hétérogénéités (différences individuelles entre les vaches) pouvant exister entre les vaches. L'analyse sera alors, en ce qui suit, basée sur les courbes individuelles. En particulier, les résidus et les coïncidents de détermination seront des outils supplémentaires pour juger l'efficacité des différentes courbes de prédiction ajustées pour les différents intervalles de temps de lactation.

3. Caractéristiques des courbes :

Dans le tableau 11, on peut voir les paramètres des courbes de lactation moyenne de chaque intervalle de lactation, le pic de production laitière et la persistance.

	a	b	c	Pic de lactation	persistance
Lactation<150	14,1192698 (8,9877705)	0,2732516 (0,2032861)	0,0046049 (0,0039991)	32,77	9,1 (5,1)
Lactation<200	14,6887553	0,2591488	0,0042158	32,96	7,8

	(9,5488078)	(0,1891396)	(0,0025483)		(3,1)
Lactation<250	14,6077629	0,2599367	0,0042600	32,79	7,9
	(9,3423224)	(0,1932363)	(0,0023927)		(3,4)
Lactation<300	15,5894362	0,2343936	0,0038645	32,27	7,6
	(9,3318197)	(0,1968984)	(0,0024048)		(2,9)

Tableau 11 : Caractéristiques des courbes individuelles :

(.) écart type.

D'après le tableau 12, on remarque que les paramètres de courbe de lactation de deux intervalles de lactation (<200 jours et <250 jours) sont très proches les uns des autres en comparant les valeurs de deux autres intervalles. Autrement dit, les valeurs des paramètres deviennent constantes. Mais les valeurs des écarts types sont très importantes ce qui traduit une hétérogénéité des courbes de lactation moyennes des intervalles.

Dans ce cas, on ne peut pas dire qu'une lactation <200 jours sera suffisante pour la prévision de quantité du lait, c'est-à-dire les projections des paramètres de courbe de lactation ne donnent pas une idée claire pour le jugement correcte de l'allure de cette courbe.

4. Efficacité de la fonction Wood dans la précision de la qualité du lait par intervalle de jours en lactation :

Dans ce contexte on veut avoir la variation des paramètres des courbes de lactation pendant chaque durée de lactation ainsi que les quantités du lait résiduelle et prévue respectives.

Les courbes de lactation respectives aux intervalles sont des moyennes de courbes de lactation. Dans ce cas, le coefficient de détermination R^2, qui vari entre 0,69 et 0,82, ne nous donne pas une idée sur la qualité d'ajustement de ces courbes par la Fonction Gamma Incomplète (F.G.I).

Caractéristiques / Intervalles	a	b	c	Quantité du lait prévue	Quantité du lait résiduelle	R^2
Lactation<150j	14,1192698	0,2732516	0,0046049	25,19	0,84	0,82681
					1,22	
	(8,9877705)	(0,2032861)	(0,0039991)	(4,86)		
Lactation<200j	14,6887553	0,2591488	0,0042158	24,44	1,19	0,75509
	(9,5488078)	(0,1891396)	(0,0025483)	(4,83)	1,32	
Lactation<250j	14,6077629	0,2599367	0,0042600	23,62	1,42	0,73455
	(9,3423224)	(0,1932363)	(0,0023927)	(5,00)	1,39	
Lactation<300j	15,5894362	0,2343936	0,0038645	22,89	1,68	0,690099
	(9,3318197)	(0,1968984)	(0,0024048)	(5,26)	1,66	

Tableau 12 : paramètres et quantités du lait durant les intervalles de lactation :

(.) écart type

Les écarts types des quantités du lait prévues sont importante et varient entre 4,83 et 5,26 aussi bien pour les quantités du lait résiduelles qui varient entre 1,22 et 1,66. Ces hauts écarts types augmentent l'hétérogénéité au niveau des quantités du lait. Lorsqu'on attend une production maximale, les vaches produisent peu et au lieu d'avoir des quantités du lait résiduelles proches de zéro, on trouve un chiffre important.

D'après le tableau 12, les valeurs de coefficient de détermination R^2 varient entre 69% et 82,6% . Ces valeurs sont faibles, donc la Fonction Gamma Incomplète s'ajuste mal aux courbes moyennes de lactation relatives aux intervalles de lactations.

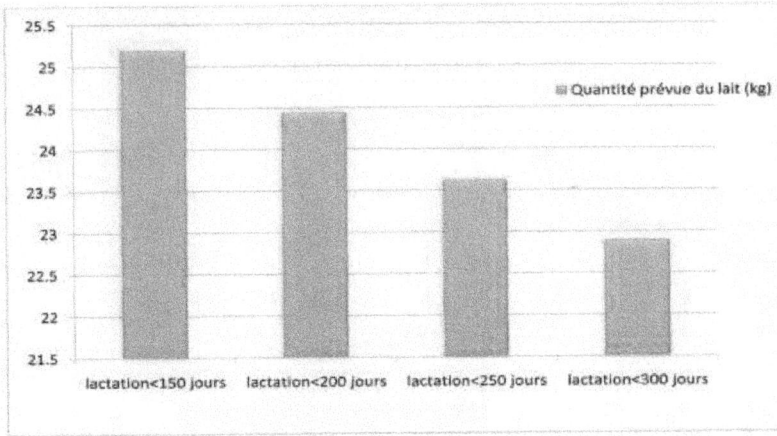

Figure 12 : variation de la quantité du lait prévue par intervalle de lactation.

Lorsqu'on calcule les quantités du lait prévue, on cherche toujours que la quantité prévue soit la plus proche que possible de la quantité réelle. La figure 12 nous montre bien que cette quantité prévue est produite pendant une durée de lactation <150 jours. Pour la race Holstein, les saisons de vêlage favorables pendant les quelles on enregistre des productions maximales sont l'hiver et l'automne

(Bourfia,1975 ;Goodal,1983).

Dans notre cas les dates de vêlage de ces vaches sont étendues sur la période estivale et automnale. Donc on peut dire, tout simplement, que les individus de deux lots 1 et 2 ont des hautes performances indépendantes de saison de vêlage, ainsi qu'elles sont bien adaptées à l'été.

A partir de l'intervalle de temps où les jours de lactation sont<200 jours, on a des nouvelles vaches importées qui appartiennent au lot n°3 et 93% de ces vaches vêlent au printemps. On constate que la quantité prévue du lait diminue progressivement, pour atteindre 22,89 kg, lors d'augmentation de nombre d'observation 509. Donc si on raisonne selon l'effet de saison de vêlage sur la production laitière, la diminution de la production est logique. Et part la suite l'effet de cette diminution de production devient néfaste sur la production totale de tout le troupeau.

Ajustement de la courbe de lactation
des vaches primipares importées

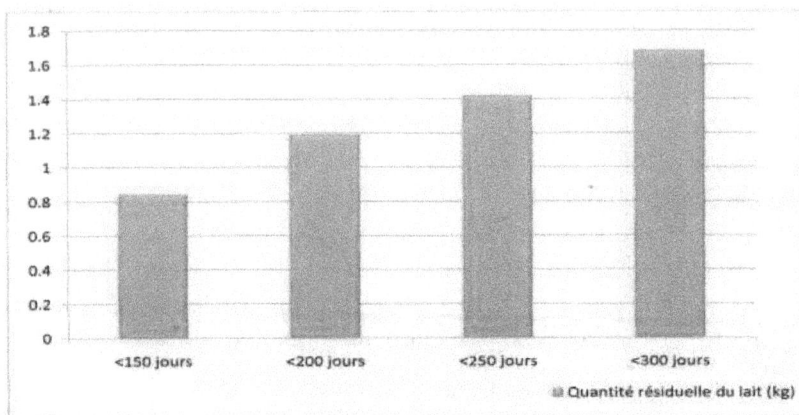

Figure 13 : variation de la quantité résiduelle du lait selon les intervalles de jours de lactation.

On ce qui concerne les valeurs résiduelles, la valeur idéale est celle qui est nulle, mais c'est important d'avoir une valeur résiduelle égale à zéro. Dans ce cas, l'éleveur veut avoir ces valeurs très proches au zéro. La bonne valeur résiduelle est de 0,84 kg du lait qui est significative au durée de lactation <150 jours.

5. corrélation entre les caractéristiques des courbes de lactation des intervalles :

L'étude des corrélations entre les paramètres des courbes de lactation des intervalles, va nous donner une idée précise sur la date exacte de détermination de la quantité lait d'une vache avant qu'elle termine sa lactation.

5.1. Corrélations entre les paramètres « a » :

Des corrélations simples du paramètre « a » de tous les intervalles de lactation, sont présentées dans le tableau suivant :

Tableau 13 : corrélations entre les paramètres « a ».

	a1	a2	a3	a4
a1		0,67894	0,55740	0,57143
a2			0,84485	0,77706
a3				0,82759
a4				

(p<0,0001)

Toutes les valeurs sont positivement corrélées et varient de 0,55740 à 0,84485. La plus petite valeur a été observée entre la lactation <150 jours et la lactation <250 jours, alors que la forte corrélation du paramètre « a » a été observée entre le $2^{ém}$ et le $3^{ém}$ intervalle de lactation. Cela signifie que les valeurs de production laitière initiale de deux intervalles précédemment énoncés sont les plus proches. En faite, l'éleveur aura une idée sur la valeur du paramètre « a » dés la traite qui suit la phase colostrale.

5.2. Corrélations entre paramètres « b » :

Les corrélations de paramètre de la phase ascendante de la courbe pour les divers intervalles de temps, sont écrites dans le tableau suivant :

Tableau 14 : corrélation entre paramètres « b » :

	b1	b2	b3	b4
b1		0,50375	0,34999	0,36892
b2			0,75842	0,69286
b3				0,79752
b4				

(p<0,0001)

Ces coefficients ont varié de 0,34999 et 0,79752. La plus petite valeur a été observée entre
« b1 » et « b3 » qui sont respectives aux intervalles de temps de lactation <150jours et
<250jours, qui est en accord au résultat trouvé pour les coefficients du paramètre « a ».

Alors que la valeur la plus élevée a été observée entre « b3 » de l'intervalle de lactation<250
jours et « b4 » de l'intervalle de lactation <300 jours. Ce résultat se diffère avec celui du
paramètre « a ».

L'intervalle de lactation <250 jours est corrélé fortement avec l'intervalle de lactation <300
jours. Donc on peut dire que la valeur du paramètre « b » peut être déterminée pendant une
lactation <250 jours.

5.3. Corrélations entre paramètre « c » :

Le tableau 15 présente les valeurs de corrélation entre les paramètres « c » des intervalles de
lactation :

Tableau 15 : corrélation entre paramètres « c »

	C1	C2	C3	C4
C1		0,48979	0,22511	0,17180
C2			0,68416	0,54979
C3				0,73255
C4				

Les valeurs de corrélation sont significatives car $p<0,0001$.

Les différentes valeurs du paramètre de la phase descendante sont corrélées positivement.

Comme pour le paramètre « b » et inversement au paramètre « a », les valeurs de la phase
ascendante des intervalles de lactation <250jours et lactation <300 jour, sont corrélées
fortement que les autres intervalles.

Alors que la plus petite valeur (0,17180) a été observée entre la phase descendante de
l'intervalle de lactation <150 jours et l'intervalle <300 jours.

Les résultats trouvés pour les coefficients du paramètre « c » sont tout à fait différentes aux résultats trouvés pour les coefficients du paramètre « a ».

5.4. Corrélation entre les persistances :

Tableau 16 : corrélations entre les persistances

	pc 1	pc 2	pc 3	pc 4
pc 1		0,41029	0,26201	0,16557
pc 2			0,80225	0,27435
pc 3				0,57939
pc 4				

(p<0,0001) : toutes les valeurs sont significatives et corrélées positivement.

La corrélation entre les intervalles de lactation <200 jours et <250 jours est la plus supérieure, ce qui est expliqué par la forte ressemblance au niveau du paramètre « c » qui caractérise la persistance　　　(tableau 11).

5.5. Corrélations entre les valeurs résiduelles :

Tableau 17 : corrélation entre les quantités du lait résiduelles

	Résiduelle1	Résiduelle2	Résiduelle3	Résiduelle4
Résiduelle1		0,67924	0,52870	0,41705
Résiduelle2			0,74791	0,58572
Résiduelle3				0,75980
Résiduelle4				

(p<0,0001) : toutes les valeurs sont significatives et corrélées positivement.

Les coefficients des quantités résiduelles ont varié de 0,41705 et 0,75980. La valeur la plus petite a été observé entre les quantités résiduelles des intervalles de lactation <150 jours et <300 jours comme pour le paramètre « c », alors que la valeur la plus élevée a été observé entre les quantités résiduelles des intervalles de lactation <250jours et <300jours ; ce qui est en accord avec les résultats pour les paramètres « b » et « c ».

Dans l'ensemble et tenant compte de tous les critères, les paramètres des courbes de lactation, les coefficients de corrélation et les résidus, on peut avancer qu'en peut juger l'allure de la courbe de lactation et par conséquent les performances de la vache aussitôt que 250 jours.

Conclusion de la partie expérimentale

Dans ce travail, les contrôles laitiers de 87 vaches Holstein primipares appartenant à l'SMVDA Chargui et qui ont une durée moyenne de lactation 199 jours, ont été utilisée pour les analyses.

Les principales conclusions à extraire sont les suivantes :

* les allures des courbes de lactation trouvées sont correctes : absence des paramètres négatifs, et c'est grâce aux contrôles précises faites par les agents de l'OEP.

* la Fonction Gamma Incomplète s'ajuste relativement bien à la courbe moyenne de lactation (R^2=0,96).

* le pic de lactation pour ce troupeau est précocement atténué au $7^{\text{éme}}$ semaine et la persistance est de l'ordre de 95% qui est semblable à la littérature.

* les valeurs de corrélation obtenues entre les caractéristiques des courbes des intervalles de lactation sont positives.

* les corrélations entre les paramètres des courbes des intervalles de lactation nous ont donné une idée sur la date de prévision des quantités du lait de toute la lactation avant qu'elle se termine. Cette prévision se fait avant 250 jours de lactation.

Ce travail permet à l'éleveur de connaitre la quantité du lait donnée, pour chaque vache, pendant un intervalle de temps « T » et ce entre 200 et 250 jours, dans ce cas il est facile de prendre la décision ; soit laisser la vache à l'étable soit la reformer.

C'est très important de dire que lorsqu'on aura les données complètes de toutes les traites pour toutes les vaches durant toute la période de lactation, les analyses seront plus faciles et claires et la prévision sera faite avant celle qu'on a trouvée dans ce travail.

Résumé du projet de fin des études

Dans mon travail du projet de fin des études, j'ai utilisé la fonction Gamma Incomplète pour l'ajustement des courbes de lactation des vaches durant tous les contrôles de lactations complètes et incomplètes.

Les courbes ajustées de lactation sont spécifiques pour l'ensemble des vaches et pour quatre intervalles de lactation qui sont les suivants :

Intervalle de temps de lactation < 150 jours.

Intervalle de temps de lactation < 200 jours.

Intervalle de temps de lactation < 250 jours.

Intervalle de temps de lactation < 300 jours.

La production laitière journalière est décrite par le modèle suivant : $Y_t = a\ t^b * e^{-ct}$.

En ce qui concerne le jugement de la prédiction du lait, j'ai utilisé le SAS (statsical analysis system) pour :

- Chercher la quantité résiduelle du lait qui est la différence entre la quantité du lait enregistré (réelle) et la quantité prédite.
- Certaines valeurs de quantités résiduelles sont négatifs, donc on doit trouver les valeurs absolues des résiduelles.
- Obtenir le coefficient de détermination R^2 par l'application simple de la formule suivante : $R^2 = 1 - (SCe / SCt)$

Le coefficient de détermination sera demandé, en premier lieu, pour tout le troupeau et en second lieu pour chaque intervalle de temps de lactation. Par la suite, on détermine les représentations graphiques de toutes les courbes de lactation et on commence la comparaison entre les différentes paramètres a, b et c ainsi que les corrélations qui existent entres ces derniers paramètres.

Les corrélations, entre les paramètres des courbes des intervalles de temps de lactation, nous ont donné une idée sur la date de prévision des quantités du lait de toute la lactation avant qu'elle se termine.

Références bibliographiques

Amos H.E., Kiser T., Loewenstein M., 1985. Influence of milking frequency on Productive and reproductive efficiencies of dairy cows. J. Dairy Sci. 68 : 732-739.

A,M. LEROY, H. HErM DE BALSAC, J.DELAGE et J. POLY. Les courbes de lactation : leur intérêt en élevage(1).

Annen E. L., Collier R. J., McGuire M. A., Vicini J. L., 2004. Effects of dry period length on milk yield and mammary epithelial cells. J. Dairy Sci. 87 (E Suppl.): E66-E76.

Barash H., Silanikove N., Weller J.I., 1996. Effect of season of birth on milk, fat and production of Israeli Holsteins. J. Dairy Sci. 79: 1016-1020.

Barash H., Silanikove N., Shamay A., Ezra E., 2001. Interrelationships among ambient temperature, day length, and milk yield in dairy cows under a Mediterranean climate. J. Dairy Sci. 84: 2314-2320.

Bewley J., Palmer R.W., Jackson-Smith D.B., 2001. Modeling milk production and labor efficiency in modernized Wisconsin dairy herds. J. Dairy Sci. 84: 705-716.

B. Rekik, A. Ben Gara, Factors affecting the occurrence of atypical lactations for Holstein–Friesian cows. Livestock Production Science 87 (2004) 245– 250.

B. Rekik, A. Ben Gara et N. Medini, genetic parameters of first lactation curve traits for Holstein-Friesian cows in Tunisia. Proceedings, Western Section, American Society of Animal Science Vol. 57, 2006.

Benbouajili M., 2006. Evaluation génétique des bovins Holstein du Domaine Agricole Douiet sous le modèle de lactation de référence et le modèle de contrôle individuel. Mémoire de 3ème Cycle Agronomie, I.A.V. Hassan II, Rabat.

Bewley J., Palmer R.W., Jackson-Smith D.B., 2001. Modeling milk production and

labor efficiency in modernized Wisconsin dairy herds. J. Dairy Sci. 84: 705-716.

Barnes M.A., Pearson R.E., Lukes W.A.J., 1990. Effects of milking frequency and selection for milk yield on productive efficiency of holstein cows. J. Dairy Sci. 73: 1603-1611.

Bernadette O., Ryan G., Meaney W.J., Mcdonagh D., Kelly A., 2002. Effect of frequency of milking on yield, composition and processing quality of milk. J. Dairy Res. 69 : 367-374.

Berger P.J., Shanks R.D., Freeman A.E., Laben R.C., 1981. Genetic aspects of milk yield and reproductive performance. J. Dairy Sci. 64: 114-122.

Bureau technique de production laitière. Produire du lait en été, un nouveau défi", 10 juillet 2007.

Campos M.S., Wilcox C.J., Becerril C.M., Diz A., 1994. Genetic parameters for yield and reproductive traits of Holstein and Jersey cattle in Florida. J. Dairy Sci. 77: 867-873.

Dahl G. E., Wallace R. L., Shanks R. D. et Lueking D., 2004. Hot Topic: Effects of frequent milking in early lactation on milk yield and udder health. J. Dairy Sci. 87: 882-885.

Dematawewa C.M.B., Berger P.J., 1998. Genetic and phenotypic parameters for 305 day yield, fertility, and survival in Holsteins. J. Dairy Sci. 81: 2700-2709.

Diamoitou B., 1998. Evaluation génétique des bovins laitiers et estimation du progrès génétique réalisé. Mémoire de 3ème Cycle Agronomie, I.A.V. Hassan II, Rabat.

Funk D.A., Freeman A.E., Berger P.J., 1987. Effects of previous days open, previous days dry, and present days open on lactation yield. J. Dairy Sci. 70: 2366-2373.

Gacula M.C., Gaunt S.N., Damon R.A., 1968. Genetic and environmental parameters of milk constituents for five breeds. I) Effect of herd, year, season and age of the cow. J. Dairy Sci. 51:428-437.

Holmes C.W., Kamote H., Mackenzie D.D.S., Morel P.C.H., 1996. Effects of a decrease in milk yield, caused by once-daily milking or by restricted feeding, on the somatic cell count in milk from cows with or without subclinical mastitis. Aust. J. Dairy Technol. 51 : 44-52.

Hale S.A., Capuco A.V., Erdman R.A., 2003. Milk yield and mammary growth effects due to increased milking frequency during early lactation. J. Dairy Sci. 86: 2061-2071.

Hadji Z., 1992. Contribution à l'évaluation des résultats des croisements bovins à la ferme d'application du Gharb : performances de croissance et de production laitière de femelles de différents génotypes. Mémoire de 3ème Cycle Agronomie, I.A.V. Hassan II, Rabat.

Hill W.G., Edwards M.R., Ahmed M.K.A., Thompson R., 1983. Heritability of milk yield and composition at different levels and variability of production. Anim Prod., 36: 59-68

H. Hammami, B. Rekik, H. Soyeurt, A. Ben Gara, and N. Gengler, 2008.Genetic Parameters for Tunisian Holsteins Using a Test-Day Random Regression Model. J. Dairy Sci. 91:2118–2126

H. Hammami , B. rekik , C. Bastin , H. Soyeurt , J. Bormann , J. Stoll , and n. Gengler, 2009. Environmental sensitivity for milk yield in Luxembourg and tunisian Holsteins by herd management level. J. Dairy Sci. 92 :4604–4612.

H. Hammami, B. Rekik, H. Soyeurt, C. Bastin, J. Stoll, and N. Gengler, 2008. Genotype × Environment Interaction for Milk Yield in Holsteins Using Luxembourg and Tunisian Populations. J. Dairy Sci. 91:3661–3671.

Ismaïl BOUJENANE,. La courbe de lactation des vaches laitières et ses utilisations. L'Espace Vétérinaire N° 92 Mai – Juin 2010.

Jamrozik J., Schaeffer L.R., 1996. Estimates of genetic parameters for a test day model with random regressions for yield traits of first lactation Holsteins. J. Dairy Sci. 80:762-770.

Jakobsen J.H., Madsen P., Jensen J., Pedersen J., Christensen L.G., Sorensen D.A., 2002. Genetic parameters for milk production and persistency for Danish Holsteins estimated in random regression models using REML. J. Dairy Sci., **85**: 1607-1616.

Kuhn M.T., Hutchison J.L., Norman H.D., 2005. Minimum days dry to maximize milk yield in subsequent lactation. Anim. Res. 54: 351-367.

Kerst S., Christopher H.K., 1997., Effect of unilateral once or twice daily milking of cows on milk yield and udder characteristics in early and late lactation. J. Dairy Res. 64: 487-494.

Lee A.J., 1976. Relationship between milk yield and age at first calving in first lactation. J. Dairy Sci. 59: 1794-1801.

Lacy-Hulbert S.J., Woolford M.W., Nicholas G.D., Prosser C.G., Stelwagen K., 1999. Effect of milking frequency and pasture intake on milk yield and composition of late lactation cows. J. Dairy Sci. 82: 1232-1239

Minvielle F., 1990. Principes d'amélioration génétique des animaux domestiques. INRA et les Presses de l'Université de Laval, Paris.

Meyer K., 1984. Estimates of genetic parameters for milk and fat yield for the first three lactations in British Friesian cows. Anim. Prod., **38**: 313-322.

Mohiuddin G., Ahmad Z., Akhtar P., Ali S., 1991. Genetic phenotypic and environmental correlations between milk yield and some other economic traits in sahiwal cattle. Pakistan Vet. J. 11: 113-116.

Moore R.K., Kennedy B.W., Schaeffer L.R., Moxley J.E., 1991. Relationships between age and body weight at calving and production in first lactation Ayrshires and Holsteins. J. Dairy Sci. 74: 269-278.

Nilforooshan M.A., Edrissi M.A., 2004. Effect of age at first calving on some productive and longevity traits in Iranian Holsteins of the Isfahan province. J. Dairy Sci. 87: 2130-2135.

Patton J., Kenny D. A., Mee J. F., O'Mara F. P., Wathes D. C., Cook M. et Murphy J. J., 2006. Effect of milking frequency and diet on milk production, energy balance, and reproduction in dairy cows. J. Dairy Sci. 89: 1478-1487.

Pirlo G., Miglior F., Speroni M., 2000. Effect of age at first calving on production traits and on difference between milk yield returns and rearing costs in Italian Holsteins. J. Dairy Sci. 83: 603-608.

Pirchner F., 1983. Population Genetics in Animal Breeding. Plenum Press, New York.

Poutous M., Mocquot J.C., 1975. Etude de la production laitière des bovins I : note sur la correction du niveau d'étable. Ann. Gén. Sél. Anim. 5: 211-220.

Ray D.E., Halbach T.J., Armstrong D.V., 1992. Season and lactation number effects on milk production and reproduction of dairy cattle in Arizona. J. Dairy Sci. 75: 2976-2983.

Reboudi A., 1997. Analyse génétique des données du contrôle laitier national. Mémoire de 3ème Cycle Agronomie, I.A.V. Hassan II, Rabat.

Romdhane Rekaya, Maria J.Carbano, Miguel A.Toro,2000. Assessment of heterogeneity of residual variances using changepoint techniques. Genet. Sel. Evol. 32 (2000) 383-394.

Remond B., Bonnefoy J. C., 1997. Performance of a herd of Holstein cows managed without the dry period. Ann. zoot. 46 : 3-12.

Schutz M.M., Hansen L.B., Stenernagel G.R., Reneau J.K., 1990. Genetic parameters of somatic cells protein and fat in milk of Holstein. J. Dairy Sci. 73: 494-502.

Smith J.W., Ely L.O., Graves W.M., Gilson W.D., 2002. Effect of milking frequency on DHI performances measures. J. Dairy Sci., 85: 3526-3533.

Schaeffer L.R., Henderson C.R., 1972. Effects of days dry and days open on Holstein milk production. J. Dairy Sci. 55: 107-112.

Teepker G., Swalve H., 1988. Estimation of genetic parameters for milk production in the first three lactations. Livest. Prod. Sci. 20: 193-202.

Tekerli M., Gündogan M., 2005. Effect of certain factors on productive and reproductive efficiency traits and phenotypic relationships among these traits and repeatabilities in West Anatolian Holsteins. Turk. J. Vet. Anim. Sci. 29: 17-22.

UPRA Holstein., 2006. Internet : http://www.Primholstein.com. Consulté le 20-04-07.

Van Tassell C.P., Wiggans G.R., Norman H.D., Powell R.L., 1997. Estimation of heritability for yield of U.S. dairy cattle. animal improvement programs laboratory, Agricultural Research Service. USA.

Wood P., 1970. The relationship between the month of calving and milk production. Anim. Prod. 12: 253-259.

Welper R.D., Freeman A.E., 1992. Genetic parameters for yield traits of Holsteins, including lactose and somatic cell score. J. Dairy Sci. 75 : 1342-1348.

Zitouni S., 1999. Evaluation de la conduite technique des troupeaux laitiers des unités pépinières dans la région de Tadla. Thèse de Doctorat Vétérinaire, I.A.V. Hassan II, Rabat.

www.ingramcontent.com/pod-product-compliance
Lightning Source LLC
Chambersburg PA
CBHW021609210326
41599CB00010B/676